生活方式

现代简约

田砚杰 主编

U0344227

江苏凤凰科学技术出版社

CONTENTS 目录

本质原点

Nature. Origin

■ 设计说明：

以减为概念，化繁为减。

少即是多，用理智的线条诠释人文的生活态度。

以使用者的需求为本质，除去繁复的设计。

让思考回归原点，让空间回归纯粹。

在公共区域的空间中，以圆形吊灯为主题，以家人团聚的餐厅为空间的原点，延伸生活的场景。借由天花板的折线引导进入走道，用书架创造横向空间，利用中段横向的引光入室来截断原有的狭长。走道，平衡空间的质量，卧室和更衣室用垂直水平的线条比例分割，利用大面明镜反射户外自然光源。

我们试图让思考回归原点，以使用者的需求为本质，让设计与生活单纯对话。

设　　计：唐忠汉
参与设计：袁丕宇
摄　　影：游宏祥
设计单位：近境制作
项目地址：台湾台北市
项目面积：145 平方米
主要材料：盘多魔、黑铁、实木皮

契合

Compatible

■ 设计说明

"愿言蹑轻风，高举寻吾契"，如果生活追求的是一种默契，那么空间追求的则是一种自然的和谐和收藏的生活品位。营塑在价值的背后，我们追求的更是一种内敛。拉门开阖的境处，即为安逸的寝居，区隔不同领域的行为，深藏不同意境的思维。空间中狭长的走道动线，受原有建筑的限制，在设计时，设计师让错落的隔板书架，结合拉门，成为界定空间的重要元素。在开放的空间之中，置入连续错置的立面分割，让界定空间中的书架，成为客餐厅的主要背景。

设　　　计：唐忠汉
参与设计：谢佩娟
摄　　　影：近境制作
设计单位：近境制作
项目地点：台湾台北市
项目面积：155平方米
主要材料：橡木染灰、黑色砂纹漆、黑网石、灰镜、洞石、白色钢琴烤漆、柚木皮、橡木

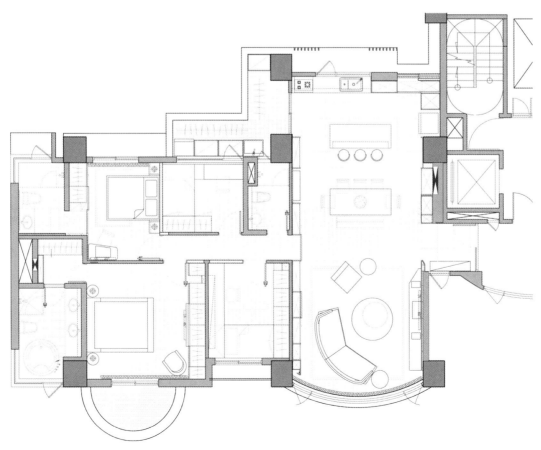

序曲

Overture

■ 设计说明

金属构件的屏风透过柜体线条细缝蔓延渗透出来，

融入白色造型，量体共同组成如音符律动般的节奏感。

黑白强烈对比，相互擘画出视觉的空间接口，亦是功能使用的一部分。

这场协奏自由蔓延，伸展至游戏间及小孩房，

富有私密的、穿透的、划分空间的凝聚感，

这是生活的、人文的、流露简约沉稳的个性都会。

设　　　计：唐忠汉

参与设计：黄达玟

摄　　　影：Sam

设计单位：近境制作

项目地点：台湾台北市

项目面积：210 平方米

主要材料：铁件、茶玻、橡木钢刷、钢琴烤漆

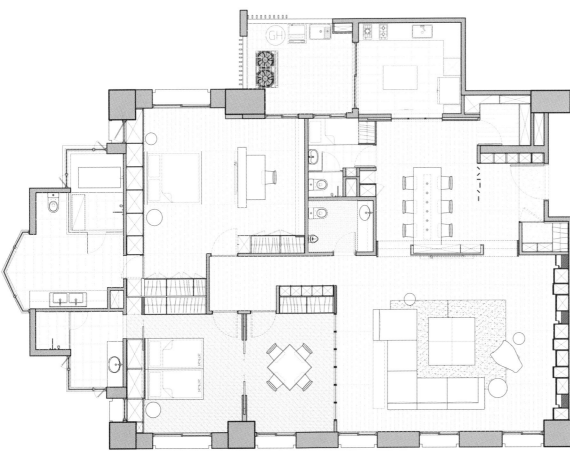

延伸

Extention

■ 设计说明

用最舒服的方式生活；
用最自在的角度阅读；
用最从容的态度放松；
用最满足的情感享受。
空间的重心，由餐厅空间发散开来，
客厅、书房与餐厅空间形成一个完整的区域。
连续的长窗，洒下落地的阳光，
形成视觉上的延伸，放大了空间的尺度。
餐厅成为现代生活的另一个重心，逐渐取代了传统客厅的功能。
从前，我们面对着墙面，听着来自外在的讯息；
现在，我们彼此相对，有着来自内心的感受。
听见，来自空间的声音，延伸并且改变……

设　　计：唐忠汉
参与设计：曾祥坤
摄　　影：Sam
设计单位：近境制作
项目地点：台湾台北市
项目面积：140 平方米
主要材料：烟熏橡木、实木皮、铁件、石材、皮革、茶镜

执子之手

Palm-holding of my Beloved

■ 设计说明

一对年迈的夫妻，在人生旅途上执手六十余载。

经过岁月的洗炼、时间的见证，在豁达的态度中期望找回最初的单纯与纯粹正是本案业主的初衷。

设计的开端以两张并排的双人床开始，清玻璃隔间以及无锁拉门，创造在日常生活中彼此能互相照应也能拥有不受干扰的距离。

以双主卧为中心的回字形走道，均质地分配了室内三块主要区域：公共区、睡眠区及卫浴区。在定义空间的同时，也落实了区域间的联动与关联。

水平的均质空间，以白色墙面与石墙穿插呼应，搭配质朴坚毅的木头意象，形塑一室沉稳。以拉门为主体的设计，构筑起适合晚年生活的无障碍空间。

洒落地板的天光，沉淀的是长者的智慧，业主选择在晚年的阶段迎合新的生活型态，创造彼此之间更美好的回忆。

设　　　计：唐忠汉
参与设计：袁丕宇
摄　　　影：Sam
设计单位：近境制作
项目地点：台湾台北市
项目面积：150 平方米
主要材料：实木皮、木地板、石材、铁件

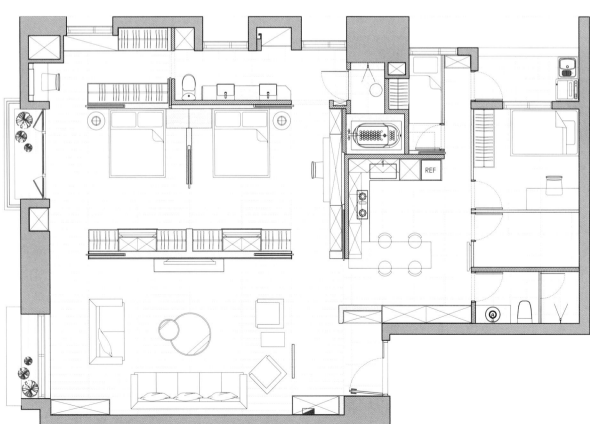

台北淡水海纳川何宅

Freshwater HaiNa Chuan

■ 设计说明

　　此案提供出400平方米豪宅的度假休闲概念，夜幕渐低垂，沿着台北市淡水河向出海口望去，整个休闲度假的感受油然而生。在台北都会生活的人们，可以在此生活难能可贵，无论是假日的休闲生活，或是退休后的悠闲赋居，都表现出宏观大器但却温暖的生活态度，而这生活情调是由内在散发出来的，适合细致地慢慢品味。

　　潮流不代表盲目追逐，时尚不一定要穿金带银。内部的整体营造以实木地板呈现出更沉稳的语言，电视主墙的夜光石与冷气出风口配上激光切割的实木条，增添了低调时尚的休闲气息。同时，让混搭风格的家具在其中呈现，目的在于让沉稳中也透露出活泼的对比美学。而在大手笔的水平天花结合下，让空间中的视觉有了平衡焦点。

　　"阅读"空间，在透过石材底面和灰色玻璃的隔屏略窥一二，在过道端点设置此空间，无非是连结客厅和厨房的一种手法，配上落地清玻璃，让居住在此里外无界线的感受油然而生。卧室则呈现出清爽幽雅的简约设计手法，在纷扰的都市生活之外，于卧房中得到最简单满足的心情。

项目地点：台湾台北市
面　　积：400平方米
主持设计者：张祥镐 总监
参与设计者：张尹慈 设计师
设计单位：伊太空间设计事务所
摄影师：游宏祥
主要材料：木皮、铁件烤漆、不锈钢、实木地板、超耐磨地板、洞石、夜光石、棕榈黑、灰玻、黑烤玻、柚木实木、油漆

台北信义路

Xinyi Road

项目地点: 台湾台北市
面　　积: 200平方米
主持设计者: 张祥镐 总监
参与设计者: 林佳慧 设计师
设计单位: 伊太空间设计事务所
摄影师: 游宏祥
主要材料: 梧桐木皮、铁件烤漆、实木地板、灰玻、黑烤玻、柚木实木
油漆、铁件、定制灯具

■ 设计说明

在这里，自然的外在似乎在透露着另一种面貌，所映衬出的更是另一种都会慢生活的面貌，这样的外在温度配合上内在的暖意幽雅色调，无比的休闲感油然而生。

藉由质朴的梧桐木皮的触感，装扮上适合的色温，结合了地面实木地坪的大地色，让地面的朴实结合立面的自然纯朴，同时也透露出些许都会另一种时尚慢生活且悠闲的感受。

透过半高的石材电视墙，让室内场所一气呵成，围绕在餐厅周边是原始的石材拼贴和特制的实木桌面，再配合上独一无二、量身定做的主灯，这里的主角是居住者和自然，望着、漫步着、冥想着，在窗边卧着阅读也增添了一份优雅感受，这就是这次设计最重要的主轴了。

在每间属性不同的卧室里，均提供出幽雅清爽的居住氛围。这样的场所温度，同时也启发设计者创造了一处属于这都会悠闲角落特属的空间温度。

消失的空间——三峡唐宅

Disappeared Space

■ 设计说明

为了创造弹性的使用格局，空间界面被重新定义，可变动乃是此空间的设计主轴。客厅、书房、厨房皆用可移动的矮墙做空间分隔，旋转的电视柜随着角度移动，可转折到书房与厨房两种不同性质空间中；蓝色隔屏，勾勒出虚性接口，表达空间的界限关系，让行走动线与视觉均达到极佳的流畅。另设计了隐藏式拉门，亦可把虚的界线转换成实的隔间。

空间的色调以白色为基底，运用材质、色彩与比例分割，让色彩变成一种视觉景象，开放式厨房在紫色、蓝色调中，为空间注入了丰富的视觉体验，在灯光的调和下，映衬出空间与色彩前卫大胆的搭配。

进到主卧室，木皮本身的色泽将色调回归自然，显得低调而温润，与白色大理石的凛冽简约形成对比，也衬托出材质的丰富层次。在主浴室内顺着阶梯踏上加高的林浴间，把视觉的层次拉到垂直轴，一种活泼的流畅感置入其中。

设计单位：建构线设计有限公司
主要设计：沈志忠
面　　积：140 平方米
项目地点：台湾新北市三峡区学勤路
主要材料：仿马毛磁砖、STACCO、柚木实木皮、橡木实木桌、烤漆玻璃、银狐石马赛克、仿银狐石磁砖、橡木海岛型地板、胡桃洗白

和平东路许宅

Xu's Apartment at Heping East Road

■ 设计说明

　　设计的巧思与魔法，可以将任何元素起到了转化为空间的新生命。原本阻碍动线的恼人柱体，经过设计师的巧妙规划，融入了"回"字结构、延伸、循环的意念，不仅强化了收纳空间的功能性和四向延伸的视觉，彷佛更放大了场域的开阔感，起到了减压的作用，也放松了生活的紧张感。

　　在实用设计与感官美感间惬意游走，透过材质的搭配与色彩的调谐，视觉张力拓延出一条长长的线，串起了日常生活的每分每秒。家，有了全新的温度，一种贴隐于心中同时饱簇于空间四周的暖馨元素，烘托出亲情的氛围。半开放的空间，以动线设计取代冰冷的墙面，没了隔阂，将家人的心收得更紧。

摄 影 师：Marc Gerritsen
设 计 师：沈志忠
设计单位：建构线设计有限公司
项目地点：台湾台北市
面　　积：122 平方米
主要材料：木纹砖、大理石、石木皮、不锈钢毛丝面、烤漆玻璃

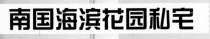

南国海滨花园私宅

Coast Garden House

设 计 师：史鸿伟
设计公司：广州共生形态工程设计有限公司
项目地点：广东广州市
项目面积：225 平方米
主要材料：实木地板、皮硬包、不锈钢、瓷砖

■ 设计说明

　　自然的实木地板与皮硬包营造出悠闲简洁的现代生活空间，不锈钢质感的细节增添了不少亮点。

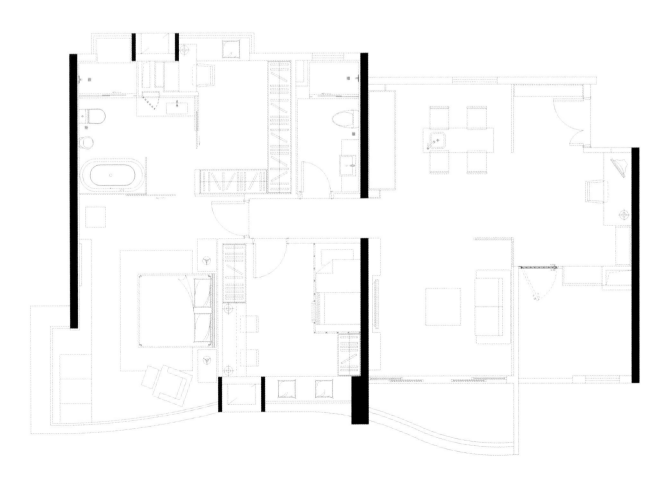

Flowers Memory

■ 设计说明

自然，总是都市人身心向往的场所。

这是一套近乎用软装饰完成的设计，案例以各种材料为载体，花草树木无处不在，或抽象或具体，或平面或立体地彰显出植物的生机与活力，而使生活在其间的人充满乐趣与写意。

设 计 师：彭征、谢泽坤
设计公司：广州共生形态工程设计有限公司
项目地点：广东广州市
项目面积：102 平方米

72 Wing on Lodge

■ 设计说明

以现代艺术与原始色调结合为设计蓝本，本案的建筑被打造成一个犹如艺术画廊却又富自然氛围的生活空间。

先从主题色调着笔，饭厅采用了灰啡的大地色系，散发出浓厚的艺术气息。随意摆放在地上的油画，点缀空间之余，亦保持了室内的简约气氛。以人工逐层扫上水泥而成的灰色主题墙与原木餐桌相映成趣，配以数盏散发淡黄灯光的吊灯，一室洋溢出异国情怀。

起居生活用的客厅逐渐演变成更通透明亮的白色主调，强调室内的空间感，亦消除了餐厅深色色系所带来的沉重感觉。米白色系的沙发、茶几及地毯则保持了客餐厅之间的连贯性。通往房间的走廊前亦增设了同色调的隐藏式大门，令居室结构更简洁，同时增加了房间的私密性。墙身还配置了灰镜条作点缀，为单调的墙身添上线条，餐厅的景像乍现在灰镜当中，增添了一份神秘色彩。

设 计 师：Wesley Liu
设计公司：维斯林室内建筑设计有限公司

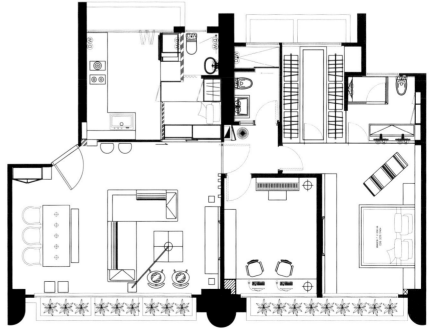

康沃尔排屋

Cornwall Terrace

■ 设计说明

　　本案的建筑位于繁忙城市里的一个宁静角落，以简约现代为主题，透过悉心安排的空间设计，加上别出心裁的灯光运用，力求营造出一个写意闲逸，又不失与附近环境相融合的优质生活空间。

　　厨房原先位于客厅与房厅之间，难免会阻挡视线。因此厨房被改装成半开放式的酒吧桌，以一片大型清玻璃取代原先的实墙，增加透视感之余更能提升空间感，加强人与人之间的沟通，减少实墙产生的隔膜感。

　　半开放式的酒吧桌除了成为与三五知己把酒谈心的好地方，亦不失厨房本身应有的功能，即使要准备一顿最丰盛的中式晚宴，厨房依然有充裕的空间应付。

　　房间的走廊亦是设计重点之一，向走廊看去，你会被那个通透的结构所吸引。走廊末端的艺术装置层层交错，令人眼前一亮。玩味之余，亦增加了房间的空间感。

　　此外，宽大的门框配以伸延入房间的地毯，让人感觉犹如置身于六星级精品酒店之中，进入房间后亦倍感有私人空间。整个项目没有太多奢华着墨，透过适度地运用镜面与玻璃来营造更大的空间感，大宅散发着一股不言而喻的感染力。

设 计 师：Wesley Liu
设计公司：维斯然室内建筑设计有限公司

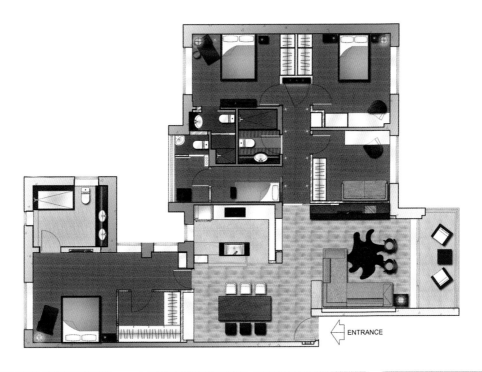

ENTRANCE

跑马地蓝塘道住宅

■ 设计说明

　　本案设计以温暖的自然色调为主题，设计师透过别出心裁的灯光设计，让居室化身为暖意融融的生活空间。

　　客餐厅天花原先被横梁所分隔，设计师巧妙地运用灯槽将横梁隐藏，并以 LED 反射灯营造出高贵格调的灯光效果。暖黄色的灯光，配合泥黄色的主题墙，让一室洋溢温暖写意的感觉。以相同的原理，房间的横梁化身成隐藏的灯槽，模拟出渗光天窗的效果，仿如日光从天花洒下，让人犹如置身于自然之中。

　　此外，客厅配置了出自意大利设计师手笔的 FIOLA 及 VP Globe 两款时尚灯饰，灯饰本身亦是一件艺术品，成功地将装饰和照明合而为一。

　　能源效益亦是此项目的重点，除了全屋采用 LED 照明，主人房的背景板亦采用了 T2 self-ballasted 节能光管，在有限的空间里，制造出无间断的灯光效果，在节能的同时，打造出优质生活空间。

　　设计公司：维斯林室内建筑设计有限公司

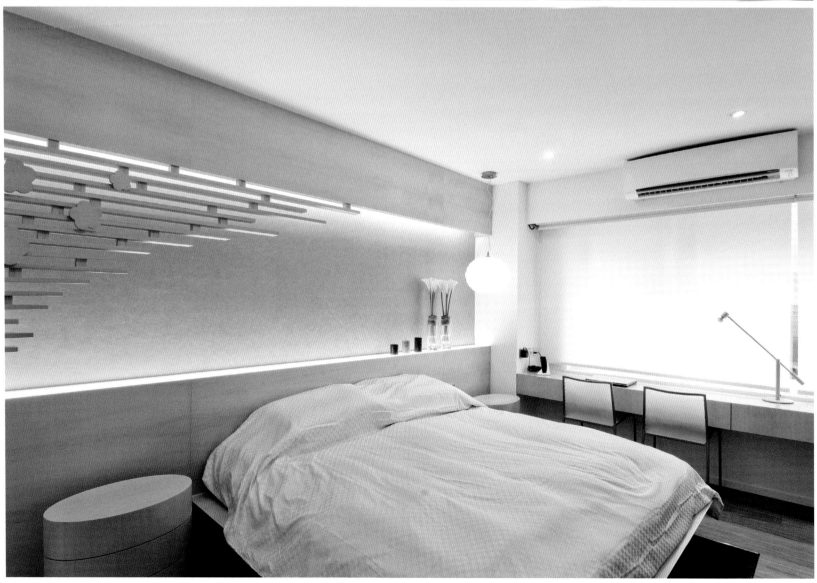

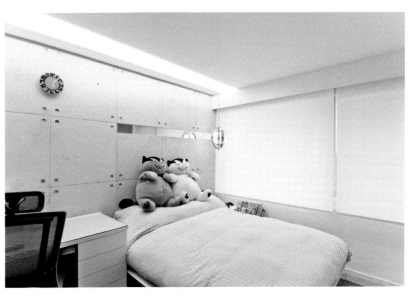

Island Resort

■ 设计说明

以单一白色主调为整个居室配搭，设计没有强烈的色彩冲击，而以清丽脱俗、简单自然的气氛为居室带来清新跳跃的空间感。不追求强烈的色彩配搭，设计转以线条结构为空间带来生气。饭厅环绕墙身和天花的木结构划分出一个独立的空间，在山纹苹果木的衬托下，饭厅犹如树林里的小木屋。此外，木构造跟居室原有的结构互相配合，形成有趣的几何形体，简单的色彩物料也变得不平凡 。同样以几何线条为蓝本，主人房的书柜被设计成不规则的多边形，玩味之余也不失一份平实、简约与自然。床头的主题墙则运用了漆白玻璃与渗光灯槽的搭配，形成纵横交错的效果，增添了空间的层次感，素白里渗透出一份暖意。

除了线条的运用之外，本案的物料运用亦令居室悠然写意的氛围更上一层楼。饭厅与房间均用苹果木作粉饰，在清淡的白色主调中，添上一点温暖的自然气息。电视背后的特色水泥墙，以人手逐层扫上，暗地里透现了独一无二的纹理，不浮夸地呈现了与众不同的质感。

设计公司：维斯林室内建筑设计有限公司

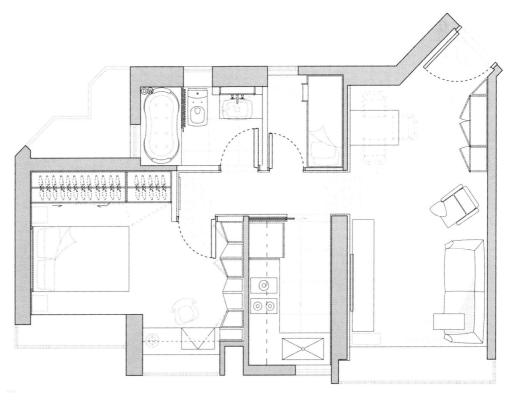

南湾

Larvotto

■ 设计说明

　　第一次走进屋内，最让人印象深刻的是窗外深湾海岸的景致。弯曲的海岸线触发了本案设计主题的构思。透过渗透着海洋与大自然的元素，本案被打造成一个舒适安逸又流露着现代奢华的生活空间。进入屋内，最为触目的，是那犹如坠道一般的木质结构。砖红色的木结构划分出饭厅，让人联想起海洋上的私人豪华游轮。结构上装置了热带鱼水族箱，让人赏心悦目。金、银、铜色的汤姆·迪克逊吊灯，在添上一份古典奢华味道之余，亦不失一份现代感。

　　饭厅以外的空间，都以白色为主调，犹如游轮外的大片海洋。客厅的焦点落在电视背后的弧形线条上，其勾画出帆船的轮廓，乍看亦像海面波浪的律动，贯彻本案海洋的主题。弧形装置除了为空间添上线条亦具实际功用，它划分了背后全由玻璃打造的阅读室。半透明的结构不减清澈玻璃带来的空间感，却为阅读室带来一份隐私。房间的细节亦表现出设计的巧思，像阅读室内六角形的书架，除了令空间增添趣味，书架背后的镜子更将窗外的醉人景致带到室内。

设计公司　维斯林室内建筑设计有限公司

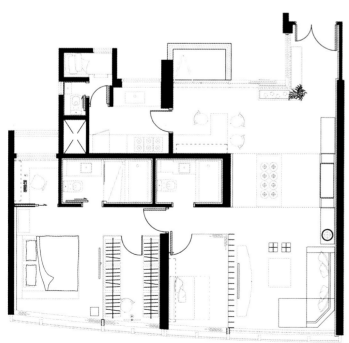

回味悠游温馨岁月

■ 设计说明

　　年轻的户主夫妇是在澳洲留学时认识的，毕业后一起返港工作并结婚组织了新家庭，婚后一直与家人共住。本案是男户主将旧屋整顿翻新，作为自己和太太暂住的居所。

　　此房屋建筑面积不大，楼龄亦高，可是学建筑的男户主认为此处的窗景十分优美，而且位置适中，决定留给自用，打造一个让他和太太重温昔日温馨时光的一个小天地。本案先以开放式规划各功能区，餐厨、厅房及卫浴室编排井然有序，无一欠缺，加上三个大窗正对绿油油的马场，可谓小空间却拥有好得无比的绿野景致；室内铺陈以回应大自然与户外气息为主题。如今眼前这个雪白明亮的空间，摆放着牛仔布沙发与牛皮块毯，个性十足；厅房之间筑起一个穿透式电视架连书架，衬托两端一淡紫色一水泥灰色的墙饰效果，意在呈现一个简单舒适，且能够勾起过往温馨回忆的空间。

设计公司：维斯林室内建筑设计有限公司

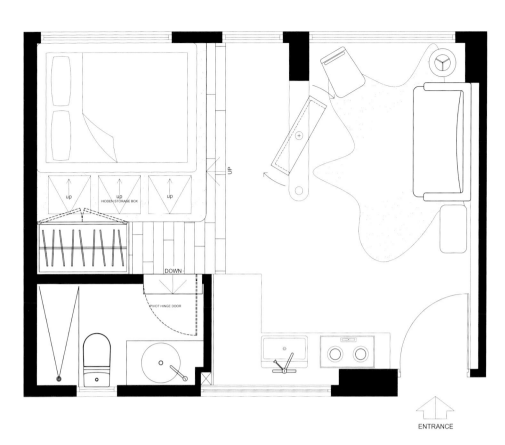

up
up
HIDDEN STORAGE BOX
up

UP

DOWN

PIVOT HINGE DOOR

ENTRANCE

手作自然宅

Hand Made Natural Home

■ 设计说明

　　放下对大宅的过度想象，设计师高祥闳以藻土的手作温度，将大地的自然元素与纹理，轻抹入室，让从事建筑业的业主，挣脱开工作时常见的过度装饰的束缚，享受一种轻松健康的居家生活。

　　在光与影的舞动中，踏进玄关场域，地坪上石材与木质以循序渐进的清浅色泽，引领视线入室，转换出客厅柳暗花明又一村的惊喜，且为了营造惬意，格局规划上设计师高祥闳将客厅、餐厅、厨房全然开放，以L形转折创造移步异景、一步一景的行进趣味，强化了纵向景深。

　　同样的空间性加强于细腻处，设计师高祥闳利用梁下，创造书房隔间与电视主墙，内嵌式设计除了可修饰障碍，还可利落空间感，在餐、厨区块则选用长形几何家具，大理石墙也以茶镜做框，悄悄辅助出视觉延展性，在实用性的考虑上，高祥闳舍弃较高的吧台，以中岛工作台分出餐、厨区，配以木质长凳的温润，即使来客数增加也无须烦恼，烹煮时，还能与用餐者亲切互动。

　　用手作刻画人文温度，让生活成为一种艺术，恒久感动。

设计公司：科宇国际设计
主设计师：高祥闳总监
项目地点：台湾新北市
设计风格：现代简约

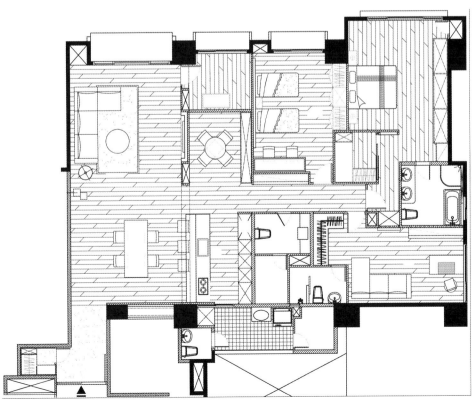

呼吸的都市美学

Breath of Urban Aesthetics

■ 设计说明

　　跳脱过度的装饰，设计师高祥阂以一种简洁、实用的精神，将数十年的老公寓，在不动格局的规划下，变身出温馨的居家空间。

　　走入玄关场域，大理石柔和的色调拼凑出几何图腾，联结起天地气度，扩展入整体空间，呈现客厅与梁柱相衬的完美视觉，且为了虚化空间的狭矮，高祥阂在鞋柜体上利用退缩及间接光线，以悬浮质量轻化，开阔敞度。

　　伴随空气的循环流动，抚触着木质纹理，设计对老旧公寓加以改造，让光线自由洒落，同时将阳台外小公园的绿意引入室内，加上阳台的植栽，气泡屏风成为一个跃动的介质，自然的设计连空间都开始有了呼吸，撷取着光影精华，在水平动线里来到餐厅场域，水平移动的夹纱玻璃门设计，让用餐时刻不受到干扰，而同样材质，设计师也用于厨房的门片，水波纹路既留住了穿透的光线，还能阻挡油烟的窜入，是纳入实用性的规划设计。

设计公司：科宇国际设计
主设计师：高祥阂设计总监
项目地点：台湾台北市

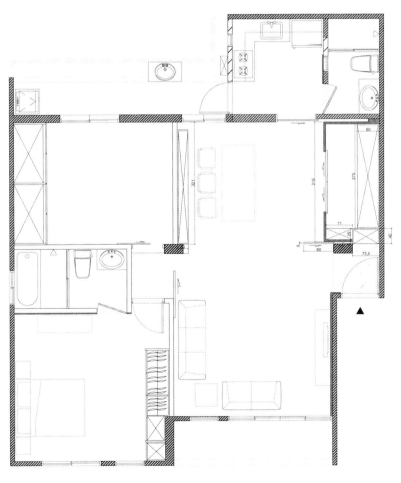

艺术与生活的完美笔触

Art and Life of the Perfect Writing

■ 设计说明

　　屋主喜好收藏艺术品，尤其热爱袖珍艺术品，然而为了让屋主的收藏能够在屋内完整呈现，展示空间的规划与设计成为此案重要的一环。

　　玄关侧墙以女屋主早期山水油画作品为背景，利用滚筒扫描的方式做大图输出，周边利用喷纱梧桐木皮营造出画框的质感。餐厅的背墙由玄关侧墙的喷纱梧桐木皮做延伸，特有的钢刷纹路配合铁框激光切割及天花板造型，划分出玄关、餐厅与客厅的界线。电视墙的处理，利用大理石的独特纹路，呈现出低调又不失奢华的大器风格，设计师也针对客厅所需的电视与影音设备管线规划隐藏，让空间简单而完美。

　　卧室床头以造形皮革绷制，搭配简单的几何分割，迎光面将近3米的落地窗帘，大方又简洁，让屋主体验宛如饭店的休闲气息。

设计公司：科宇国际设计
主设计师：高祥阁总监
项目地点：台湾新北市

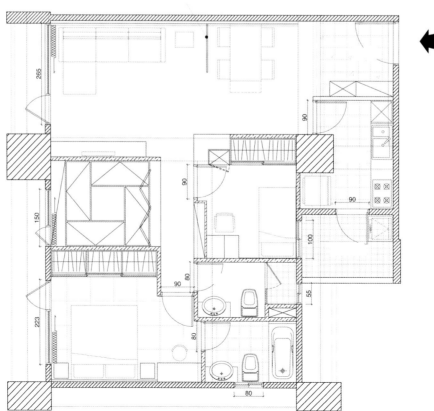

重塑水岸住宅魅力

Waterfront Home Remodeling Charm

■ 设计说明

以享受悠闲的退休生活作为设计的重点，考虑到屋子平日使用的人数及频率，把原先复杂交错的格局以及只有单面采光的缺点，经过重新规划、配置，使其呈现出自然的气息及流畅的动线设计。在这里可以远眺河岸视野，虽然是中坪数的房子，把空间重新安排之后，视野就开阔了起来。

玄关的椭圆形天花板造型为这个充满现代特色的空间点缀了一些活泼生动的情感，并有拉长视觉的效果；在左侧设计了储藏室，让屋主有充分收纳的空间；地面采用大理石区隔空间，并于鞋柜下方做间接照明，一进门后就能感受到焕然一新的独特气息。

客厅沙发背墙的部分，秋香木以垂直水平的分割化解了大片木皮沉重的压迫感，搭配刷上了玫瑰白的墙面，强化了整体的一致性。窗边特别预留了窗台可以放置植栽，妆点绿意，间接照明更让小植物有了更生动的表情。

设计公司：科宇国际设计
主设计师：高祥闳总监
项目地点：台湾新北市

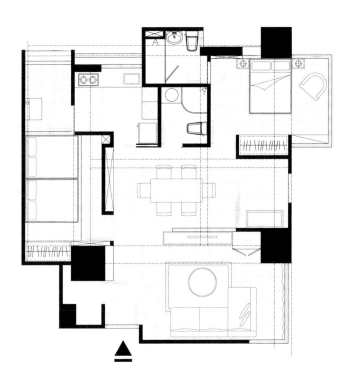

台北瑞安街住家案

Ryan Street House

■ 设计说明

　　这是一户屋龄有 30 年左右的老公寓，换言之，经过设计团队的通盘规划后，这也是一户改造得相当精彩且成功的住宅个案。原屋主将房子隔了三间，但是客厅、餐厅与厨房这类公共空间显得局促狭小，经过对使用人口的确认，设计团队进行局部变更作业，将原有空间重整为两房两厅两卫，少了一房之后，缩短了走道空间与距离，动线更流畅，而且主卧变大了，客厅也变大了，餐厅与厨房以低矮吧台分隔，让整个公共空间变得宽阔。

　　色彩配置则以柔软的粉色系与原木木色相搭，家饰则以中性色为主，地面则以仿古砖与紫檀染柚木色相区隔，吧台立面则以温润的集层胡桃木与柚木地板混搭。玄关与餐具收纳柜，则分别纳入一整片落地灰镜与烤漆玻璃，让空间更宽阔。局部重新变更的客厅，引入明亮的天然照明与户外公园的绿意，入夜后配有多元的室内辅助照明，营造出不同的情境氛围。

项目地点：台湾台北市
设计单位：德力室内设计
面　　积：82.5 平方米
主要材料：明镜、烤漆玻璃、进口仿古砖、紫檀地板、铁件、集层胡桃木、梧木、秋香木、柚木地板

中坜海华国际之星住家案

■ 设计说明

　　从事室内设计长达 17 年的时间，设计团队成员每天都要处理各种来自四面八方的人、事、物的突发状况，因此"学无止境"这句话说得真的非常贴切而入神。因此，我总是相信"术业有专攻"的道理。每个行业都有它的专业养成，在各种专业面前我们都应该学会谦虚，敞开胸怀让你获得更多。

　　此户女主人可以说是近期团队遇到的最愿意敞开胸怀倾听专业意见的屋主之一，这点足以使整个团队为此起立鼓掌。正因为屋主的专心倾听与信任，每每团队总是更加竭诚分析各种选择的优劣，并为屋主分析优化的设计与建言。面对如此特质的屋主，会激发出团队怎样的空间创意呢？

项目地点：台湾桃园县
设计单位：德力室内设计
面　　积：112.2平方米
主要材料：金丝藤、黑檀、玉檀香、灰镜、烤漆玻璃、南方铁木、砂岩砖

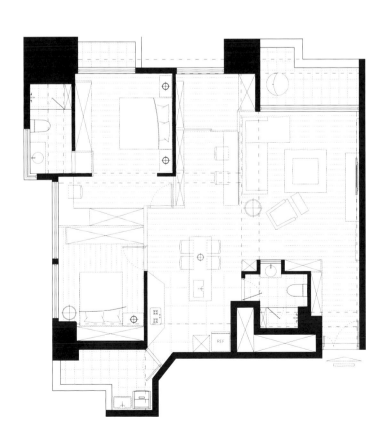

中坜天止住家案

ZhongLi TianZhi

■ 设计说明

　　这是一户位于台湾桃园县中坜的跃层建案。屋主是位很有个性的人，喜欢收集柚木家具，喜欢略带乡村原野风尚的氛围。基于各种考虑下，本宅保有既有建商配置的楼梯位置，同时并未有大幅度的局部变更，但设计团队也利用一些技法化解建商提供的制式套餐的样貌，诸如：以电视柜立面修饰客用卫浴来化解尴尬、以橱物间重新包覆利用楼梯下畸零空间营造整体空间的挑高感，以实木贴皮木做门片区隔餐厅与后阳台，让杂乱的洗衣间不影响居家氛围。以推拉门替代制式门片更加有效利用空间，以胶合玻璃区隔主卧卫浴，让光线可以有自由流动的通透感。以上种种都是立竿见影的设计手法运用。

　　本宅最特别之处为此面电视柜采 60 厘米 *10 厘米雾面石英砖与半抛石英砖混贴，运用不同灰阶的跳动拼贴方式进行设计，为了表现出视觉上的律动感，特别在施工前参照大理石施作方式逐一编码，以利工匠更精准地完成立面施作。这样的设计是受到荷兰设计师皮耶的影响，运用材质先天的美感与特性彰显出随性而自由的自然况味。

项目地点：台湾桃园县
设计单位：德力室内设计
面　　积：132 平方米（上下两层）
主要材料：烤漆玻璃、波斯灰大理石、玉檀香木地板、栓木染色、秋香木、抛光石英砖、雾面石英砖、焢木地板

国家世纪馆住家案

National Century Hall

■ 设计说明

这是一个很特别的住家案例。屋主透过网络认识了设计团队，经过深思熟虑之后，最后决定交由德力设计抓刀。实地勘察后，设计发现此宅距离上一次的装修只有约三年时间，因第一次装修经验不足而造成后续许多不可解决的问题。两夫妇经过多次讨论决定痛定思痛，来个全面大整修，此户的变身前后相当精彩。

这是设计团队在板桥国家世纪馆的第二个案例，两个楼层因男女主人个性不同而衍生的空间风格截然不同，也就有了不同的动线设计与空间应用。

本户除了重新检视屋主的生活习惯外，在空间配置时除了满足各项基本生活功能外，整体空间舍弃了一般封闭的多重隔间设计，改用开放式的配置，让空间与空间之间、夫妻与亲子之间，赋予更多互动的可能性，让烹饪、娱乐、阅读都得以在这个开阔无碍的空间发生。

项目地点：台湾新北市
设计单位：德力室内设计
面　　积：148.5平方米（含阳台）
主要材料：柚木地板、清玻璃、明镜、烤漆玻璃

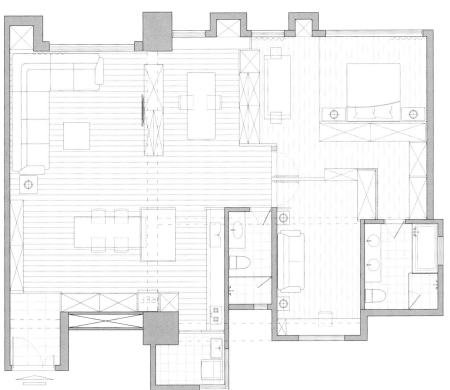

淡水麦迪奇住家案

Freshwater McGrady's

■ 设计说明

　　本户位于台湾新北市淡水,屋主夫妇育有一子。此宅的配置并未大幅变动,仅作重点局部变更。客厅与书房,以及书房与户外阳台之间,设计团队分别以矮柜家具以及串连室内与户外的悬空大桌子营造空间的延伸与视觉上的穿透感。

　　以铁件强化,表面辅以钢刷铁刀木实木贴皮的半悬空大长桌,表面触感粗犷,饶富自然气息,使户外阳台的绿意与静谧的室内餐厅与书房共享的空间一脉延伸。另外,客厅与厨房以料理吧台区隔,儿童房与厨房则是以窗帘、落地墙清玻璃搭配木作推拉门相隔。妈妈忙着烹调的同时,可以一并兼看孩童在室内活动的状态。此一吧台配置有两把吧台椅,为业主提供了更多的空间互动。

　　整体空间以鹅黄色为主色调,辅以中性色的黑灰白,塑造出一个静谧而内敛的空间氛围。窗外的绿意蓝天,则可以透过书房一览无遗,在此阅读与书写,甚至是用餐,都别有一番风味。

项目地点:台湾新北市
设计单位:德力室内设计
面　　积:99平方米

主要材料:明镜、烤漆玻璃、半抛光石英砖、柚木地板、巴西合欢、秋香木、铁件、钢刷铁刀木、集层胡桃木、柚木地板

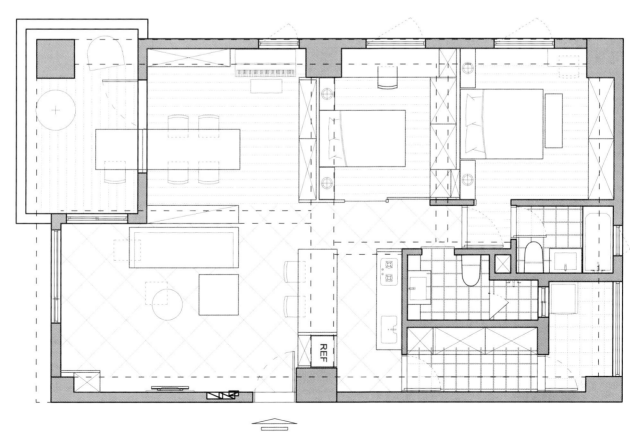

新北市天阔住家案

Tiankuo House

■ 设计说明

本户屋主两夫妻育有两子，夫妻俩都爱读书，也相当重视子女的教育。除此之外，夫妻俩也非常喜欢全家大小一起出国环游世界，家中便收藏了许许多多从旅途中带回的"战利品"。购下此宅主要作为度假使用，话虽如此，基本的收纳空间仍必须一应俱全，但是在风格上则期待多一份旅行中的惬意风情。

屋主对于格局配置提出了基本要求，即一间主卧、两间子女房、一间客房、一间书房、一间厨房、一间餐厅和两间卫浴。此宅的提案历经多次磨合，原提案以一座楼梯贯穿楼下公共空间与复层的私领域空间，但最后屋主在天秤的两端选择了以子女未来发展空间为前提的设想，而以现今的样貌呈现。再者，为了让孩童的活动空间更宽敞，改用复层设计，楼下是书写阅读、衣橱收纳，楼上则单纯布置了睡榻。

旅行是这个家族的灵魂，为了记录下家族足迹，屋主特别希望在客厅悬挂一面世界地图，用来标记回忆。

项目地点：台湾新北市
设计单位：德力室内设计
面　　积：118.8平方米（不含复层）
主要材料：灰镜、烤漆玻璃、抛光石英砖、意大利抽檀木皮、铁件、巴西合欢木皮、剑岩木皮、缅甸柚木

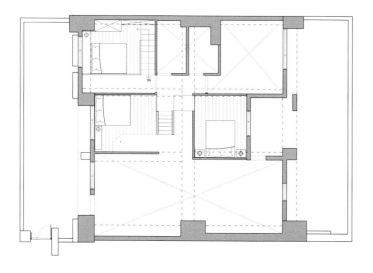

水筑馆住家案

ShuiZhu Hall

■ 设计说明

　　这是一户位于台湾台北市永和的中古屋，屋龄只有十年。屋主接手时，前任屋主曾自己绘制设计图，自己发包完成了简单的装修。基于初次购屋，可以用就好，当时并未立即重新装修，直到居住了几年之后，才有了让空间的使用更合理、更舒适的念头。待屋主做足功课后才决定由本设计团队代为操刀。

　　变身前，本户有许多过道空间都是尚未开发的空间，而且收纳空间已经明显不足；变身后，缩减了不必要的走道空间，根据使用频率重新思考，并重新分配到不同的功能空间。诸如：把主卧扩大，新增一个二合一的梳妆台与计算机桌；把客厅改变方位，新增一个客房；将厨房扩大，并且利用中岛吧台与餐厅相连；重新调整阳台洗晒衣空间等。以上种种手法都让整个空间配置，在功能与动线上都得以整合。

项目地点：台湾台北市
设计单位：德力室内设计
面　　积：92.4平方米
主要材料：柚木、巴西合欢木皮、紫檀、
石英砖、烤漆玻璃、明镜、壁纸

三重集贤路陈宅

■ 设计说明

　　理性主义，泛指对材料、空间与视觉上的最有效、最经济地利用，以及更有效地分享现代主义的部分观点而言。运用立面、材质、比例、线条，给予空间最佳的表情与功能，以更弹性、自由、开放的规划，塑造一个更适合创意激荡的中性场域，再度强化居住者才是空间里的主角。

　　以圆形语汇为主的场域趋势，由玄关衍生的界面、客厅主桌、吧台的造型，共同引申出圆融的生活情感。而在厨房、酒柜、起居空间以木作活动隔门创造主墙表情，界定公、私领域，作出动态、静态的空间界定，围塑出公共与休憩区域的分野。再借由电视主墙双面功能的界面设置，满足客、餐厅的视听效果，同时创造出空间丰富的层次感。

　　功能往往因为创造便利生活的目的而存在，形随功能的概念中，透过不锈钢、实木格栅、玻璃传递满足生活便利的使用功能，以从容素净的深色，平衡空间的安定感，看似简洁的空间，借由细部的变化，酿构出令人惊喜的反差趣味，引发了人们对时间与存在的感受。

面　　积：181.5 平方米
设 计 师：王俊宏
参与设计：曹士卿、陈睿达、张维君、黄运祥
摄 影 师：KPS 游宏祥
主要材料：铁件、大理石、喷漆、超耐磨地板

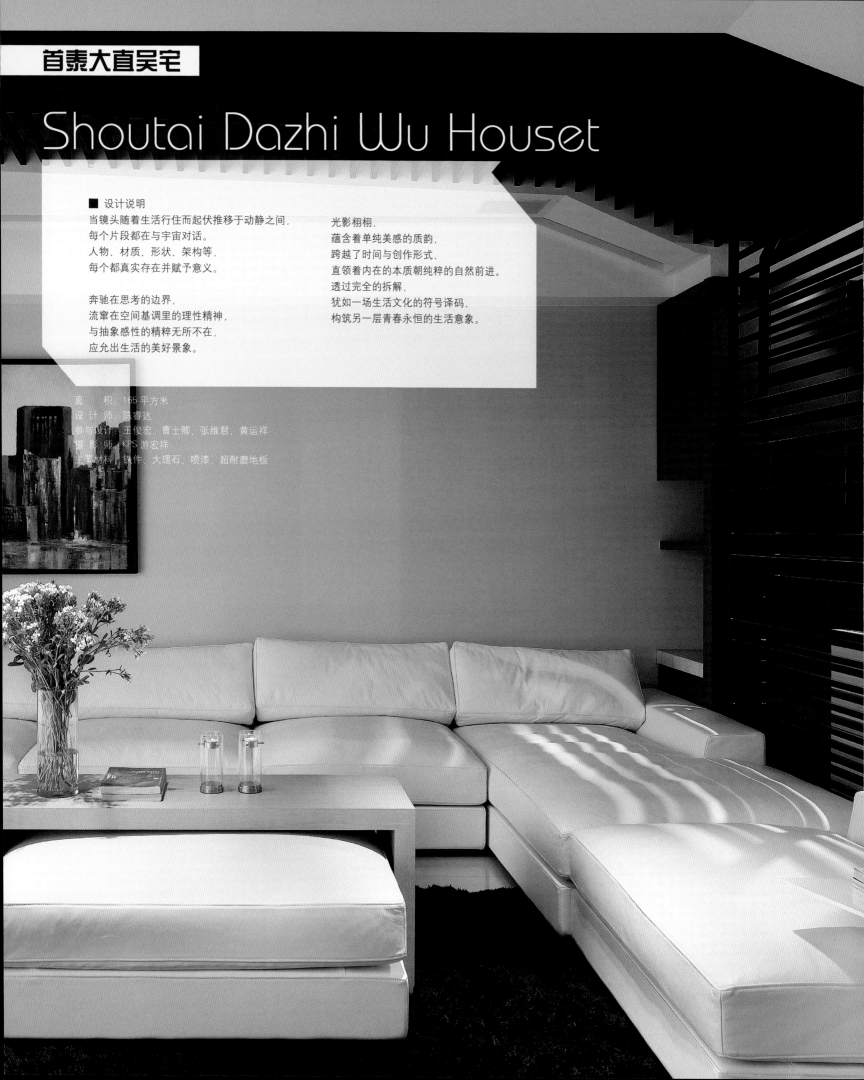

首泰大直吴宅

Shoutai Dazhi Wu Houset

■ 设计说明

当镜头随着生活行住而起伏推移于动静之间，
每个片段都在与宇宙对话。
人物、材质、形状、架构等，
每个都真实存在并赋予意义。

奔驰在思考的边界，
流窜在空间基调里的理性精神，
与抽象感性的精粹无所不在，
应允出生活的美好景象。

光影栩栩，
蕴含着单纯美感的质韵，
跨越了时间与创作形式，
直领着内在的本质朝纯粹的自然前进。
透过完全的拆解，
犹如一场生活文化的符号译码，
构筑另一层青春永恒的生活意象。

面　　积：165 平方米
设 计 师：陈睿达
参与设计：王俊宏、曹士卿、张维君、黄运祥
摄 影 师：KPS 游宏祥
主要材料：铁件、大理石、喷漆、超耐磨地板

Bitan Youyue Li House

■ 设计说明

受风格派中立体主义影响最深的凡·林斯堡的设计思维引导，将斜角角度经由线面的扩张，转化成有调性的旋律，运用几何造型的规律及秩序性，呈现等量分割的表情。

设计的起源，从酒柜当中各个错落不规则的块状空间开始衍生。

相仿的设计语汇出落在客厅主墙面石材切割拼贴的背景，此外，客厅与餐厅、餐厅与走道；走道左右各自底端由皮革切割绷制而成的端景墙面；客厅与书房之间折迭门扉上的喷纱图腾；从线、面、发展至于立体，笔直而流畅的线条，经由斜裁产生不对称的魅力效果，所有这些串联出空间旷荡的气势。

面　　积：231 平方米
设 计 师：王俊宏
参与设计：曹士卿、陈睿达、梁信文、张维君、黄运祥
摄 影 师：游宏祥
主要材料：木皮、铁件、茶色玻璃、石材

Yuanshangyuan Yang House

■ 设计说明

光线分子，
穿透空间接口，
划破材质肌理，
流淌出一道道生活的温感悸动。
木纹反射出会呼吸的光，
棉质衬托出和谐的温度，
毛织面析出起居的脉动。
空间框架不但架构生活逻辑，

也框出昼夜生活的光影动线，
自然阳光与设计光源交织。
在都市居家也能享有无尽的自然洗礼，
白、黑、自然原木等空间三色系，
借由抽象画作，
渲染出空间张力，
也带出跃动的生活频率。

面　　积：89.1平方米
设 计 师：曹士卿
参与设计：陈睿达、张维君、黄运祥
摄 影 师：KPS 游宏祥
主要材料：铁件、喷漆、超耐磨地板

林口福桦至善廖宅

Linkou Fuhua Zhishan Liao House

■ 设计说明

线条，给予人的律动感，总是机械式而规律的。

空间里，自然的光线让线条比例以一种绝非秩序的想象的姿态来包容生活环境，动静之间，衍生动人表情及感受存在的永恒与变化。

结构与节点之间的耐人寻味，由线条衍生发展，轻重虚实之间，形塑视角里空间最大的魅力。以建筑概念的缩影为本，运用透视手法，说明空间连续的张力。由大门进入，以铁件作为格栅语汇，衍生成为玄关意象及客厅主墙，在虚实通透之间，对应该区域复式性的功能表情，跳脱制式的界面界定或柜体林立的意象。低限的台面设计、虚实感觉强烈的主墙意象，营造轻盈漂浮的视觉效果。开阔而连贯的张力，作为续接餐厅区活动范畴的风景，整个空间由此确立自由、更无拘束的界定分际。

面　　积：181.5平方米
设 计 师：王俊宏
参与设计：陈睿达、曹士卿、周怡君、张维君、黄运祥
摄 影 师：KPS 游宏祥
主要材料：铁件、风化木、喷漆、超耐磨地板

宁心之境

Peaceful Village

设计单位：宽月空间创意
设计 & 摄影：吴奉文 & 戴绮芬
项目地点：台湾新北市
面　　积：室内 148 平方米
主要材料：碳化木石英砖、火山岩、檀木、杉木、秋香木、印度黑、铁件、黑玻、海岛型木地板、德国环保涂料及接合剂

■ 设计说明

　　为迎合私人招待所的放松氛围，纯净、天然材质是空间的主要选择，触感犹如蛋壳质地的质朴火山岩由玄关展开，透过宽窄、厚度不一的拼贴方式，以及结合实木条与灯光效果，以材质的变化性增加设计的细腻度。相同的概念也运用于客厅主墙与客卧。电视主墙上的火山岩形成一道弧形立面，如此弧度下创造出影音设备柜，足够的深度也方便日后维修。而悬挂电视的壁面像是竹节的特殊效果，实则巧妙修饰上端大梁，黑色雾面的地砖上，刻意搭配温暖的米色沙发、地毯，再利用抱枕的颜色穿插，增添色彩的层次变化，却也带来令人深感舒适的画面。不同的分割造型与材质、线条的立体拼贴方式，让简单的空间更富深度。例如开放厨房运用染灰橡木、檀木交错成水平线条，衬托空间的线条美学；书房柜体则选择超薄石片的特殊纹理触感；开放展示柜利用烤漆铁板、砂岩涂料为背景，结合上下透光的照明设计，粗糙、细腻的质感对比，也使得铁板方盒更显立体。

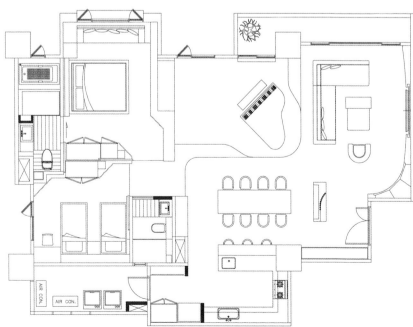

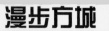
漫步方城

Castello di Lahos

■ 设计说明

　　本案从预售屋阶段即进入规划，格局可以依需求及设计而变更，由于沿用建筑商提供的石英砖地面，以及屋主偏好简约的设计，因此将空间定位为现代简约风。虽是所谓的现代简约风格，宽月却以特殊的环保建材、精心配置的光源和特别的户外家具等做崭新的诠释，呈现出带有些许自然、慵懒的现代感。

　　白色门片由大大小小的矩形组合而成，运用黑白、轴线、材质交错的手法，构成对比强烈却又具平衡感的量体。另一方面，由于客厅落地窗宽度不大，因此刻意将落地窗帘位置向内移，做成整面墙宽幅的米白色半透光拉帘，营造更为大器开阔的视觉效果。电视墙、玄关的天然石材壁面也穿插以贝壳马赛克作 LED 灯光表现，到了夜晚留下几盏微弱光源，客厅即刻呈现休闲空间的慵懒氛围，让喜欢小酌的屋主，每天都可享受惬意浪漫的品酒时光。

设计单位：宽月空间创意
设计＆摄影：吴奉文、戴绮芬
项目地点：台湾台北市
面　　积：室内 171.6 平方米
主要材料：黑檀木、梧桐木、杉木、德国石材超薄片、印度黑、铁件、黑玻、贝壳马赛克、德国环保涂料及接合剂

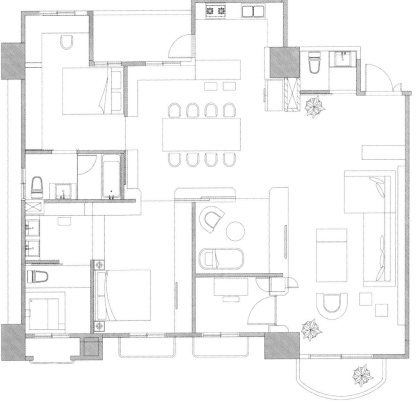

纯粹美好

Le Style de Vie

■ 设计说明

　　全案没有强烈的对比色彩、温暖的染灰木色、米色配上沉稳黑色，传达简炼稳重的氛围质感。同时运用轻装修重装饰的概念，减少过多造型与线条，让空间如同好酒般越陈越香，不追随潮流且深具人文气息。因此对于家具家饰的材质、色彩处理以呼应居住者的特质为考虑，客厅里的L形沙发选用皮革质感，配上手工藤编吊椅，尽显主人的生活情趣。

　　双人座椅、茶几投射特殊几何图腾光影，书房里运用具扶手设计的古典单椅，结合藤编吊椅，塑造出既现代且悠闲的气氛，而英国品牌雾金色的立灯和桌灯，隐藏些许华丽的质感。户外阳台部分，木地板经过染灰处理，带着仿旧质感色系，呈现历经岁月洗礼的自然感。独具风味的户外吧台，其实是由于住宅属于逃生楼层，阳台逃生设备无法舍弃，以不影响逃生设备的功能下，设计吧台作修饰，同时也为屋主创造午茶小憩、烤肉野趣的小空间，生活中有太多可能，而本质就该是如此纯粹美好。

设计单位：宽月空间创意
设计 & 摄影：吴奉文、戴绮芬
项目地点：台湾台北市
面　　积：138 平方米
主要材料：Pandomo、檀木、橡木、杉木、印度黑、铁件、黑玻、德国环保涂料及接合剂

流光印记

Pure Legend

■ 设计说明

　　进门时，最吸引访客目光的，莫过于宽敞客厅中的白色竹子天花，设计师将原来空间中不雅观的大梁，转化为弧度呈现，交错黑色线状的天花嵌灯，不仅包覆一份环保心愿，也将另类的天然华丽隐于现代简约的空间氛围之中。阳台外面，南方松坪上方，一整排翠绿的美人蕉，透过大片玻璃拉门映入屋内，于是光、绿意、空气，汇集了居家生活无限宽广的想象。

　　由于从事牙医师工作的屋主有大量书籍，设计师在主卧入口处以弧线造型创造收纳空间，同时增设简易阅读区可供坐卧及上网。女主人的化妆区则将镜子隐藏，让整体视觉更简洁舒适。两间小孩房也分别被设计师贴心规划为床幔包覆的灰紫色浪漫与蓝绿色的轻爽环境，即使小孩长大后也仍适合。浴室大量采用抿石子、磨石子、贝壳等自然材质，而一旁挂毛巾的竹梯更是令人眼睛一亮，让我们惊喜于现代华丽的居家空间与自然意象可以如此巧妙结合。

　　宽月设计精心构筑每个细节，满足屋主对美好居住空间的向往，除了定义一个全新的豪宅风情，也感动于交屋时屋主全家满满的笑意。

设计单位：宽月空间创意
设计 & 摄影：吴奉文、戴绮芬
基地面积：室内 224.4 平方米，阳台 6.6 平方米
主要材料：盘多磨、环保竹木地板、秋香木贴皮、黑檀木贴皮、碳烧南方松、磨石子、抿石子、雾面石英砖、人造石、德国环保涂料、铁件、黑玻、竹子、石材、贝壳、火山岩

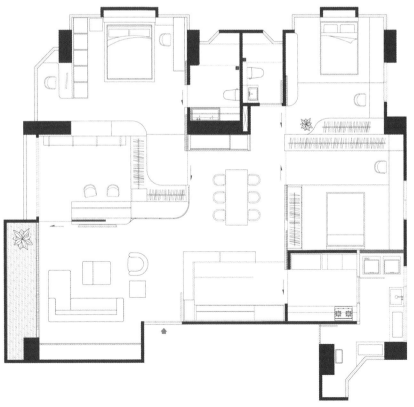

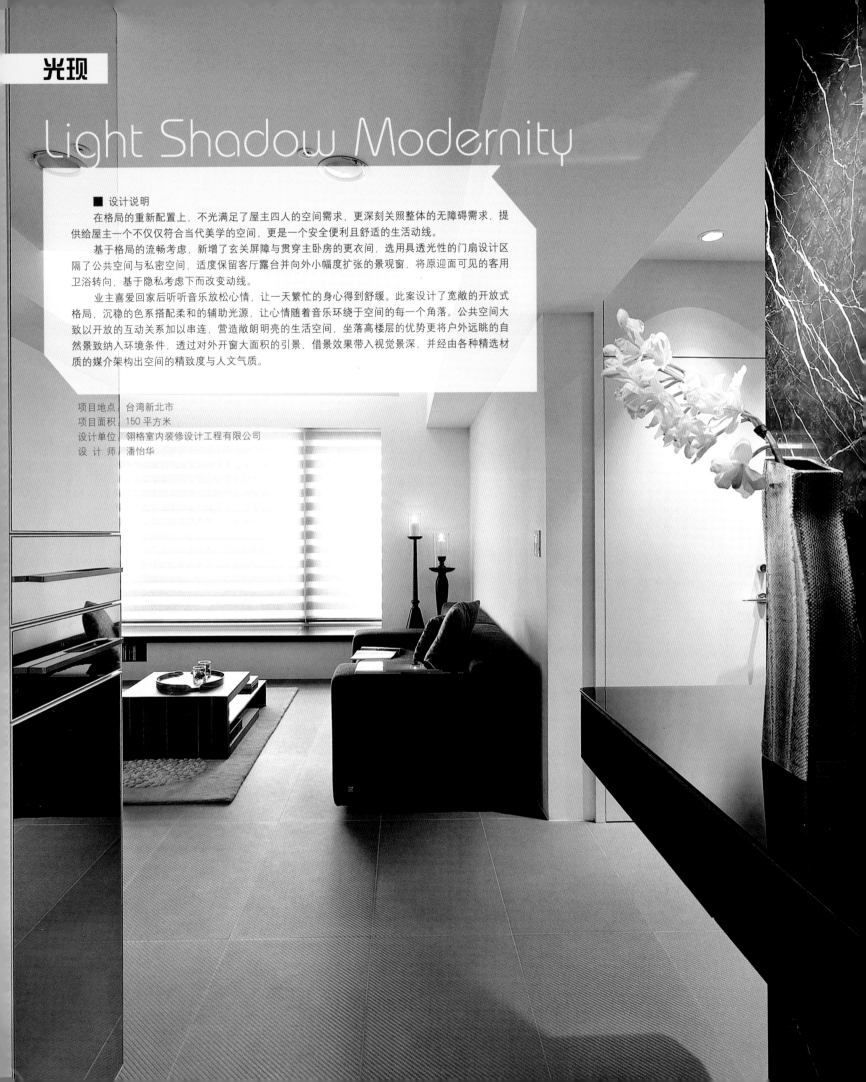

Light Shadow Modernity

■ 设计说明

在格局的重新配置上，不光满足了屋主四人的空间需求，更深刻关照整体的无障碍需求，提供给屋主一个不仅仅符合当代美学的空间，更是一个安全便利且舒适的生活活动线。

基于格局的流畅考虑，新增了玄关屏障与贯穿主卧房的更衣间，选用具透光性的门扇设计区隔了公共空间与私密空间，适度保留客厅露台并向外小幅度扩张的景观窗，将原迎面可见的客用卫浴转向，基于隐私考虑下而改变动线。

业主喜爱回家后听听音乐放松心情，让一天繁忙的身心得到舒缓。此案设计了宽敞的开放式格局，沉稳的色系搭配柔和的辅助光源，让心情随着音乐环绕于空间的每一个角落。公共空间大致以开放的互动关系加以串连，营造敞朗明亮的生活空间，坐落高楼层的优势更将户外远眺的自然景致纳入环境条件，透过对外开窗大面积的引景、借景效果带入视觉景深，并经由各种精选材质的媒介架构出空间的精致度与人文气质。

项目地点：台湾新北市
项目面积：150平方米
设计单位：翎格室内装修设计工程有限公司
设 计 师：潘怡华

小好宅、轻生活

Tiny Mansion Light Living

设计单位：翎格室内装修设计工程有限公司
设 计 师：潘怡华
项目地点：台湾台北市
项目面积：53 平方米

■ 设计说明

　　"小好宅、轻生活"强调的是居住的舒适度，在这个仅有夫妻俩人居住的 53 平方米的小空间建案中，舒适度主要来自空间的高弹性应用度。开放式餐厅使用的是客制化的利落线条餐桌，可弹性调整的桌面，让小空间也可容纳多人的聚餐，不需使用时只要简单地往下折，就能还给走道宽广的空间。

　　由于建筑本体拥有前后采光的优势，设计上以单纯彩度，隐藏接口、线条的方式进行。

　　由于主人生活需求使然，每个区域几乎都有一台电视，规划上以内嵌隐藏式设计考虑为主，维系立面的完整度；调光卷帘的安排，有效地控制了温度及光线，符合节能减碳的环保概念，与主墙面钢刷梧桐木皮的自然触感及纹理，有了美好的呼应。最重要的一环就是对于自然的重视，往内打的间接灯可以保有光源的明亮，客厅的吊灯便与纯白色系的风扇结合，借由空间前后的通风性，让风扇能经由运转将空调的冷气带到其他空间，节省过多空调的配置。

无障碍养生度假宅

Free Residence

■ 设计说明

本案位于闹区的集合住宅顶层，是老屋翻新项目。该项目四面环马路，室内中轴线有三根破坏空间格局的大柱子，形成畸零空间。由于本案为20余年的老屋，屋内尚有不适用的老旧装潢，且居住者为行动不便的高龄长者，因此需保留轮椅回旋的空间，并破除旧有格局重新规划。

因此在整体规划上，于空间动线、无障碍空间、浴室等区块都为符合银发族使用习惯量身打造。设计师采用了"绿设计"的手法，重视采光、通风、对流，并透过包覆柱面不上漆的实木来调节室内温湿度，而符合空气导流原理所设计的窗户开口，使微风轻抚过围绕房子种植的植栽时，带进新鲜的空气。

承袭开放空间的调性，也面临一些难题。主卧室横亘床位上方有一些具有压迫性的低矮大梁以及床头的一根大柱，在柯竹书以天花板中央灯光展示区以及床头高柜的设计下消解于无形，同时考虑到居住者的个人情况，预留了出方便看护照顾长者的动线以及药品收纳功能。而母亲房突出于空间的斜撑柱以及矮梁，设计师也善用梁下空间安排了简洁的阅读区，并做出床头收纳功能的设计。

设计单位：大湖森林室内设计
设 计 师：柯竹书 & 杨爱莲
项目地点：台湾台北市
面　　积：82.5平方米
主要材料：砖刷白漆、地砖、磁砖、PVC防木材、实木拼贴

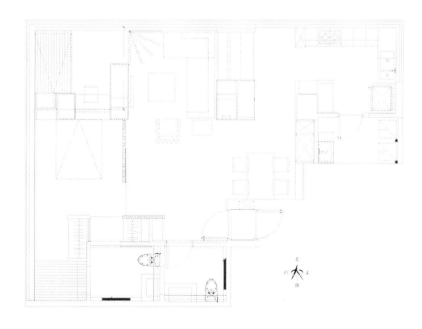

时尚森林系——创意挑高小豪宅

Fashion Forest

■ 设计说明

此个案为挑高空间的小坪数，在户外阳台采用南方松铺陈，自然区隔室内与室外的空间感，呈现借景入室的休闲氛围。设计师柯竹书与杨爱莲打破传统厨房的空间模式，将公共空间完全打开，不但使整个视觉与空气更加流通，也带来生活的新动线。餐厅的主墙面以软调实木拼板与冷调灰镜错落，混和了自然与现代的手法。位于餐厅旁的客浴空间利用隐藏式造型拉门自然消除了卫生间的存在感，使餐厅空间的氛围更融洽。该设计将原本位于一楼大厅中心的楼梯移至墙面的旁边，使一楼公共空间整体更完整。因为在楼梯的正上方有个大梁，设计师柯竹书考虑到185公分的男主人行进会有压梁的感觉，专门为业主量身定做此斜梯，楼梯设计上采以下窄上宽的斜向动线，侧面处借由倒吊式扶手将整个结构力往上拉，让爬梯动线自然靠右，回避上方大梁的碰撞及压迫感。

设计单位：大湖森林室内设计
设 计 师：柯竹书、杨爱莲
项目地点：台湾台北市
面　　积：49.5平方米（不包含前后阳台）
主要材料：台湾杉木、南方松、灰镜、铁件、石材、马赛克

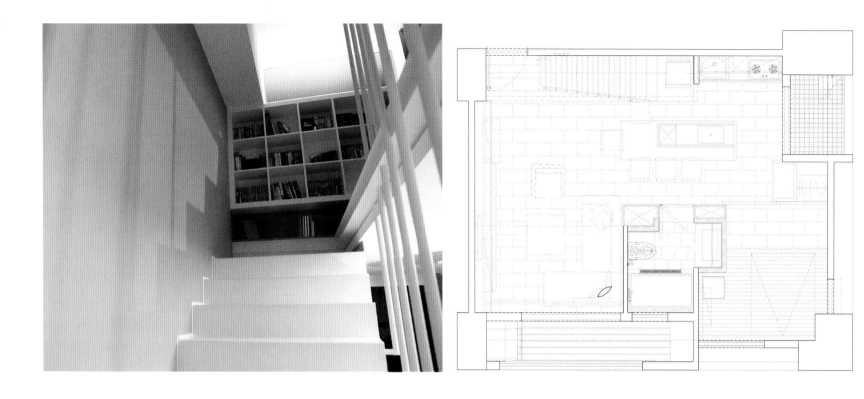

都会简约中的乡村风

Simple Country Style

■ 设计说明

　　本案融合了乡村风格以及现代极简风格，褪去一般乡村风格的繁复，弥漫出独特的普罗旺斯时尚人文气息。设计师透过朴拙的白砖墙保留自然元素并与简约利落的大片黑色镜面对比，彰显出时尚氛围。并修改格局，调整出洒满阳光的阅读空间，以圆弧造型天花消除大梁压梁问题，并运用隐藏式门片完整空间调性，消弭空间界线，使公私领域增添多种互动的可能性。设计师将老房子的秽暗在白色基底中一扫而去，木作深、浅错落的电视主墙铺陈，拉展出由内至外大器延续起的横向敞朗。格局修改、调整而出的和室空间，大面积采光柔和，模糊了室内外界线，也多了一份轻松休闲。一旁机柜层次延伸，视野拉上沙发背墙线板，方形语汇的设定，让黑色烤漆玻璃于动线中有了初步的转折。

　　不同于女孩房天花的造型，单纯处理的主卧空间，设计师运用同样砌砖手法刷白，美化、阻绝老屋秽暗的问题，也创造出普罗旺斯般的浪漫情怀。

设计单位：大湖森林室内设计
设 计 师：柯竹书、杨爱莲
项目地点：台湾台北市
面　　积：66 平方米
主要材料：木皮、烤漆玻璃、陶砖、喷漆、木地板

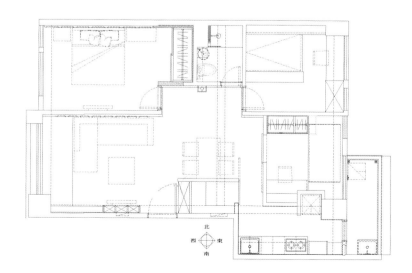

打开长屋

Opening LongHouse

空间面积：130.35平方米
设计单位：大湖森林室内设计
设计师：柯竹书、杨爱莲
主要材料：石材、铁件、集成材、烤漆玻璃、南方松、地壁砖材、马赛克、集层冲孔板、空心砖、台湾杉木

■ 设计说明

本案为设计师的住所，地下室为工作室，四口之家，不需太多的房间，利于将空间尺度放大，以提升居住质量。整个狭长空间不做实体隔间墙，以保有穿透感，前段为木构架平台、架高开放木作地坪，循序往内为客厅及空桥区，于餐厅处设有高窗带动室内冷暖气流循环，将凉风导引至北向厨房开口。后段主卧及主浴空间利用地坪高低差控制浴室泄水、截水，达到无隔间干湿分离，并将更衣、沐浴、泡汤等过程整合，符合使用惯性。

运用框景、借景手法将室外景致层层纳入室内，以木构架平台、架高开放木作地坪作为中介空间，以模糊室内外界线，全室不做实体隔间墙，以保有穿透感，回游式动线保持空气顺畅流通，也让室外窗景得以延伸至室内。

整体空间以自然色系为基调与基地西面保护区相呼应，原木色彩使室内弥漫着自然气息，并辅以黑灰色系沉稳空间调性、整合复杂功能，使居家空间更为静谧、放松。

轻快的北欧居家

Brisk Northern Europe Style

■ 设计说明

　　北欧风格的设计就像是一道摆盘，朴实之余，滋味却经得起细细嚼体会的经典名菜，极简无华，却藏有简单美好的巧思，以及与大自然共生的永续意念。大湖森林设计团队的设计理念即如其名，期许透过设计美学的"绿手指"，让业主不必大老远地离城索居，也能在自宅里享受涌生着氧气、活水、芬多精，以及可以快意呼吸的大自然的居家氛围。

　　从入门玄关起始，视线即可充分感受整个空间的生动主题，白底、褐纹的清爽语汇，以及远处可见的绿色沙发，彷佛带着清洁魔力，不张扬地将忙碌了一天的疲惫洗去，这个空间似乎具备活氧减压的功能，令人心旷神怡。

　　细细品尝，那褐纹来自设计师的精选，名为阿拉伯幻彩的木皮，线条勾勒出大自然树枝的纹理，而褐色纹路中又夹带着丝丝绿意，彷佛新生的枝干，充满喜悦的生命力。由不规则的窄板、宽板相组而成的白色柜体，则是呼应北欧概念，象征北方雪国般的洁净。设计师以白与褐的相遇，巧妙引述春天雪地嫩芽初长的意涵，宁静悠远，山居岁月的闲情近在咫尺、俯拾可得。

设计单位：大湖森林室内设计
设 计 师：柯竹书、杨爱莲
项目地点：台湾台北市
空间面积：99 平方米
主要材料：硅酸钙板、特殊木皮、壁纸、玻璃、石材、灰镜

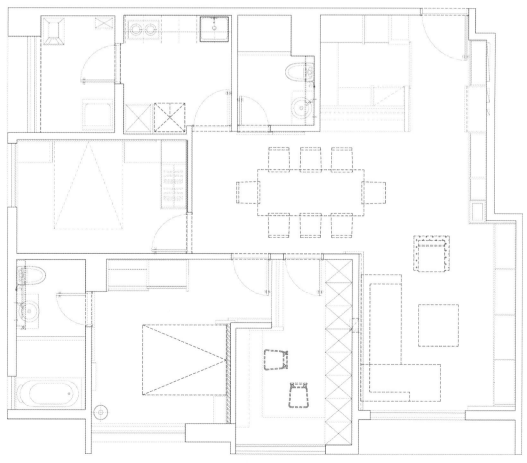

礼物——挚情的牵绊

Present-So Sense Ho

■ 设计说明

屋主从异地来台湾求学，进而工作定居、结婚生子，其奋斗的原动力，就是希望为家人打造一个温暖的家园，而这份凝聚家人情感的屋子，就是人生最珍贵的礼物。

一楼为主要公共空间，客厅结合大面景观窗连接内外，电视墙结合影音设备与局部鞋柜功能，白色卡拉白石材上方结合茶镜延伸，更显客厅空间宽敞与时尚。

公共空间另一设计焦点为运用包裹礼物缎带的灵感，结合灯光照明凌空串起整个空间的意象主题，层次落差一路延伸至餐厅玻璃门片上，紧紧系上对家人情感的"结"，形成感性而鲜明的设计语汇。

由于建筑形式的缘故，设计手法上保持就近收纳原则，餐厅的所有功能尽量在餐厅内完成，以减少不必要的体力消耗。二楼为私人空间，包含书房、储藏室与主卧室，三楼为两个女儿的卧室，四楼为客房。

设计单位：台湾品桢空间设计
设计师：陈鹰信 设计总监
项目地点：台湾台北市
摄影师：林福明
面　积：330平方米（不含前后阳台）
主要材料：石材、栓木木皮、铁件烤漆、茶色＋夹纱玻璃、钢琴烤漆、喷射切割

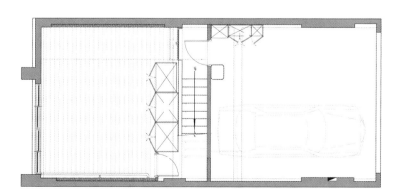

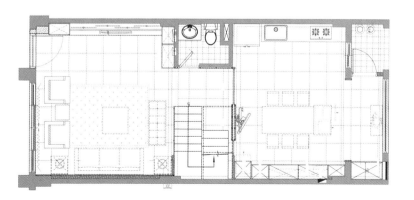

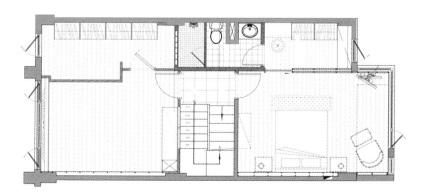
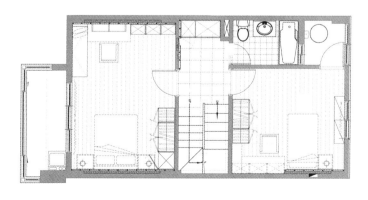

抒解建筑功能 满载生活想望

Ordering Your Life

■ 设计说明

　　原本楼梯与基地平行占据相当大的空间，设计师变更了楼梯的位置，将之转化为走道形式，右侧成为车库单元，以船舱式造型墙面加强单元采光，丰富墙面的趣味性，将楼梯旋转90度，主要动线安排于建筑物中央，考虑到楼板高度不同，采用半楼高的楼梯合理分配动线，以C型钢材建构，在梁柱间加上T形结构的五金搭扣，提供足够的支撑力与载重。由于楼高的间距，当人走上二楼时就可以看见三楼的空间，楼层功能进行了巧妙铺陈，建筑物右栋二楼规划餐厅及厨房，左栋三楼安排客厅、书房、阳台及主卧室，以温馨的色调搭配雅致的陈设。三楼客厅设计于书房后方，利用实虚柱体创造半穿透隔间效果，保有明亮光线的流通，阳台内缩打造专属空中花园，满足家人团聚、烤肉、谈天之用。

　　克服采光问题的重点在于建筑物中央的天井设计，光线不仅来自前后两端，更借由中央天井串联起光源的互动性，并适当考虑气流流通、生活需求等功能，对设计者而言，空间不只是居住的量体，更牵动着居住者的生活、个性和需求，让业主可以在室内空间自在走动，将家庭生活和外围环境合而为一是他们唯一的目的。

设计师：马昌国
设计公司：俱意设计公司
项目地点：台湾台北市
面　　积：264平方米
主要材料：抛光石英砖、枫木、硅酸钙板、夹板、喷砂玻璃、白膜玻璃、C型钢

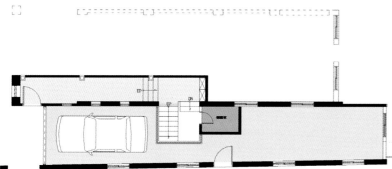

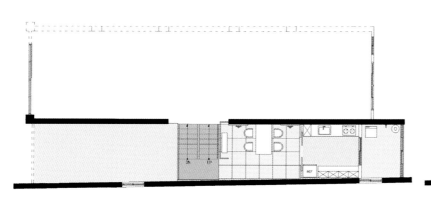
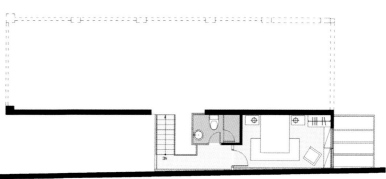

航行

Sailing

■ 设计说明

　　本案设计师利用不规则几何图形为主题进行设计，把空间按功能通过线条巧妙分区，一层与二层间楼梯设计形式新颖，既节省空间又独具特色。厨房区设计在楼梯下面，而且采用开敞式，给人感觉既美观实用又不占用太多的空间，可谓是精妙之笔。

设计单位：芮玛室内设计
空间格局：一房一厅一卫一厨
主要材料：铁件、玻璃、地毯

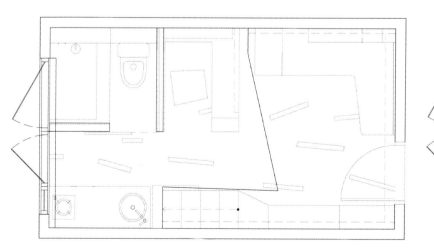

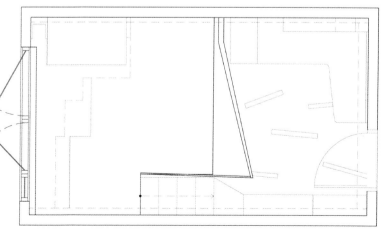

图书在版编目（CIP）数据

生活方式．现代简约 / 田砚杰主编．－－ 南京：江
苏凤凰科学技术出版社，2014.9
ISBN 978-7-5537-3300-5

Ⅰ．①生… Ⅱ．①田… Ⅲ．①住宅－室内装饰设计
Ⅳ．① TU241

中国版本图书馆 CIP 数据核字 (2014) 第 117587 号

生活方式——现代简约

主　　　编	田砚杰
项 目 策 划	凤凰空间
责 任 编 辑	刘屹立

出 版 发 行	凤凰出版传媒股份有限公司
	江苏凤凰科学技术出版社
出版社地址	南京市湖南路1号A楼，邮编：210009
出版社网址	http://www.pspress.cn
总 经 销	天津凤凰空间文化传媒有限公司
总经销网址	http://www.ifengspace.cn
经 销	全国新华书店
印 刷	北京建宏印刷有限公司

开 本	1 020 mm×1 230 mm　1 / 16
印 张	16
字 数	128 000
版 次	2014年9月第1版
印 次	2014年9月第1次印刷

标 准 书 号	ISBN 978-7-5537-3300-5
定 价	248.00元

图书如有印装质量问题，可随时向销售部调换（电话：022-87893668）。